ROLF REINICKE

DER DARSS

LANDSCHAFT
LEUCHTTURM • NATUREUM
DARSSER ORT

DEMMLER VERLAG

ROLF REINICKE

DER DARSS

LANDSCHAFT

LEUCHTTURM · NATUREUM

DARSSER ORT

Bibliographische Informationen
der Deutschen Nationalbibliothek:
Die Deutsche Nationalbibliothek
verzeichnet diese Publikation in der
Deutschen Nationalbibliographie.
Detaillierte bibliographische Daten
sind im Internet abrufbar unter
portal.dnb.de

Texte, Fotos und Layout:
Rolf Reinicke
Lektorat: Inge Reinicke
www.kuestenbilder.de
Grafiken und Druckvorbereitung:
Matthias Reinicke
www.limedesign.ca

ROLF REINICKE
DER DARSS
Landschaft - Leuchtturm - Natureum
Darßer Ort
1. Auflage 2022
ISBN: 978-3-944102-46-7

An der Bäderstraße 7c
18311 Ribnitz-Damgarten
www.demmlerverlag.de

Printed by Jelgavas Tipogrāfija, Jelgava/Lettland

Gewidmet allen, die mich als Mitarbeiter des Deutschen Meeresmuseums Stralsund während meiner Arbeit als Leiter des NATUREUMs Darßer Ort (1991–2007) mit Rat und Tat, Wohlwollen und Freundlichkeit unterstützten.

Rolf Reinicke, März 2022

INHALT

Foto: Blick vom Leuchtturm Darßer Ort auf den Darßer Weststrand und die stürmische Ostsee.

EINZIGARTIGER NATURRAUM

Der Darß, die flache, zum größten Teil bewaldete Halbinsel zwischen Meer und Bodden, zählt zu den besonderen landschaftlichen Attraktionen an der Ostsee. Seine weiten Sandstrände locken Scharen von Touristen. Der 5.800 Hektar große Darßwald bildet das zweitgrößte geschlossene Waldgebiet an der deutschen Küste. An vielen Stellen findet man noch ursprüngliche oder vom Menschen nur wenig beeinflusste Naturräume und eine beeindruckende Küstendynamik. Deshalb stellte man bereits vor fast einhundert Jahren einige Areale auf dem Westdarß unter Naturschutz.
1991 wurden weite Teile der Halbinsel – außerhalb der Siedlungen – in den Nationalpark Vorpommersche Boddenlandschaft eingegliedert und sind somit auf Dauer geschützt. Dieses Buch möchte – als Ergänzung zu Reise- und Wanderführern – die Vielfalt, Dynamik und Höhepunkte der Darßlandschaft zeigen, erklären und zu ihrem Verständnis beitragen.

Foto: Der Darßer Weststrand.

Nationalpark
Vorpommersche Boddenlandschaft
DARSSER ORT
Zingst
Prerow
ZINGST
PRAMORT
DARSS
Wieck
PREROWSTROM
KIRR
OIE
BARTHER BODDEN
GRABOW
BODSTEDTER BODDEN
Ahrenshoop
Born
KOPPELSTROM
Bodstedt
Barth
BARTHER STROM
Wustrow
FISCHLAND

DARSSLANDSCHAFT

AUS SAND GEBAUT

Die zum größten Teil mit Wald bedeckte Halbinsel Darß stellt insgesamt eine riesige, fast ebene Sandfläche dar. Deren südlicher Teil – der **Altdarß** – besteht aus eiszeitlichen Schmelzwassersanden. Der nördliche Teil des Darß – **der Neudarß** – ist dagegen ein Bauwerk des Meeres. Er bildete sich erst im Laufe der vergangenen 2.000 Jahre. An den Uferzonen der Bodden entstanden großflächige Verlandungsareale – **der Vordarß**.
Die Entstehung und Dynamik der einzigartigen Küstenlandschaft in den vergangenen Jahrtausenden wird auf der folgenden Doppelseite graphisch dargestellt – ein Schlüssel zum Verständnis dieses besonderen Naturraumes.

Foto: Blick nach Süden über die Halbinsel Darß. (April 2019)

DIE HALBINSEL DARSS

DARSSLANDSCHAFT

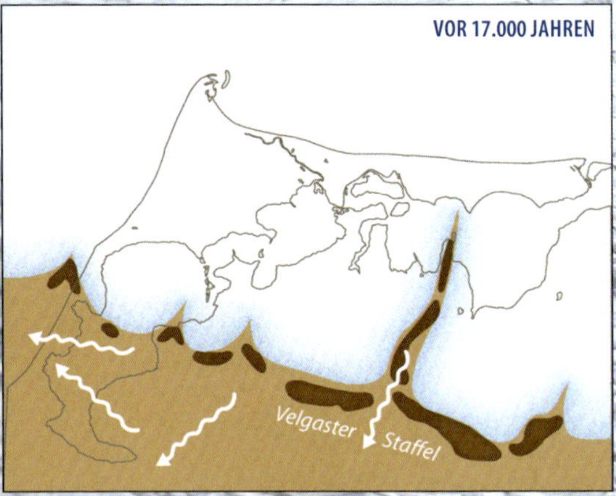

Am Ende der letzten Vereisung ist das Gebiet von Fischland - Darß - Zingst noch vom langsam abschmelzenden Inlandeis bedeckt. Am Grunde des Eises entsteht der Geschiebemergel der Grundmoräne. Während einer Stillstandphase des Eises bildet sich die Endmoräne der „Velgaster Staffel“.

Das letzte Inlandeis schmilzt ab. Über dem Geschiebemergel der Grundmoräne lagern sich im Darßgebiet dicke Schichten von Schmelzwassersand (Sandersande) ab.

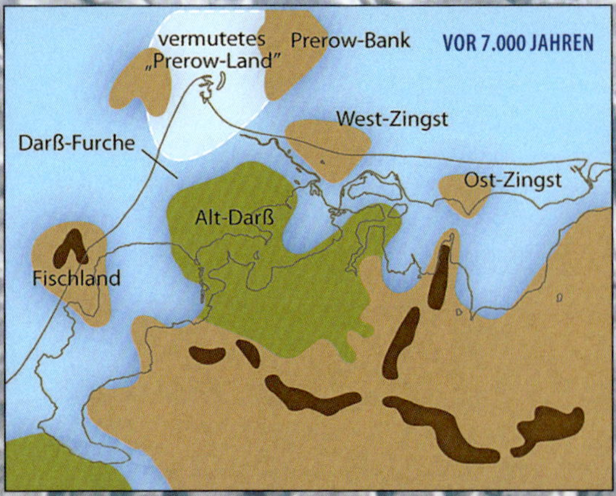

Durch den Anstieg des Meeresspiegels (Litorina-Transgression) dringt das Meer auf das Festland vor. Die höher gelegenen Teile werden zu Inseln (Inselkerne).

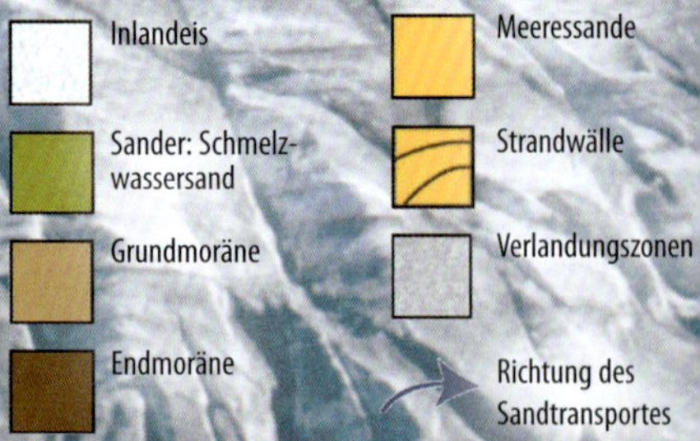

DIE ENTSTEHUNG VON FISCHLAND – DARSS – ZINGST

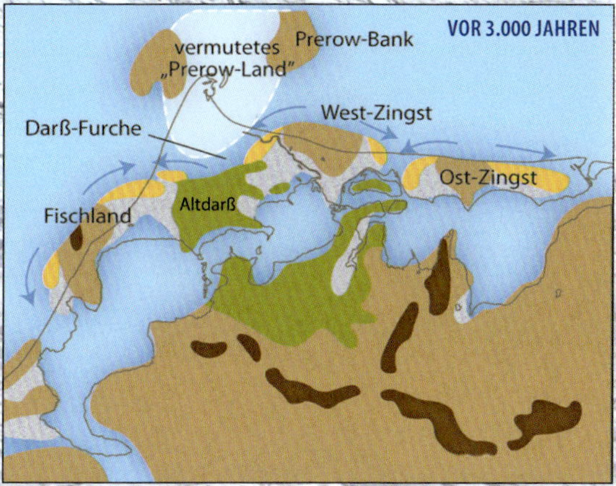

Eine Ausgleichsküste entsteht. Das von den Inselkernen abgetragene Material lagert sich an deren Flanken als Sandhaken und Nehrungen an. Dort bilden sich auch Dünen. Die Boddenküste beginnt zu verlanden.

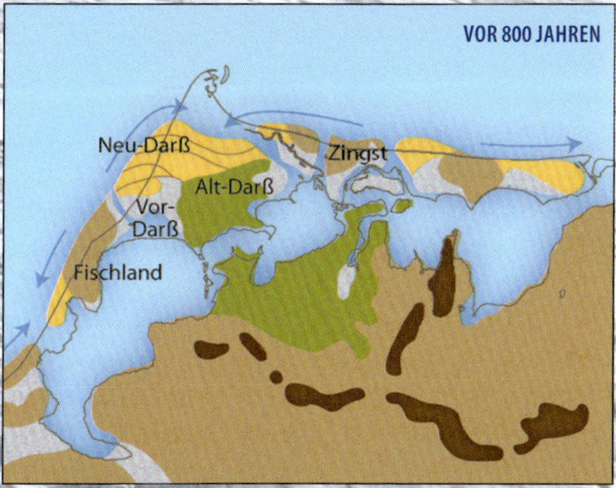

Küstenausgleich, Dünenbildung und Verlandung schreiten fort. Der Neudarß wächst. Die Inselkerne des Zingst werden mit See- und Dünensand bedeckt.

Weite Strecken der Außenküste von Fischland, Darß und Zingst unterliegen der Abtragung. Nur zwischen Darßer Ort und Prerow wächst der Darß. Die Boddenküste verlandet weiter.

Der Mensch schloss einige Verbindungen zwischen Meer und Bodden. Er schützt die Küste an besonders gefährdeten Stellen und verhindert somit Durchbrüche und Überflutungen.

DIE DREIGETEILTE HALBINSEL

Die weite, flache, überwiegend bewaldete Halbinsel Darß zeigt bei genauer Betrachtung die deutliche Dreiteilung in Altdarß, Neudarß und Vordarß. Deren Entstehung ist auf der vorhergehenden Doppelseite dargestellt.
Die hierauf folgenden Doppelseiten widmen sich den charakteristischen Merkmalen dieser Landschaftsteile.

Foto: Der Darß – Blick nach Norden.

ALTDARSS – NEUDARSS – VORDARSS

DARSSLANDSCHAFT

VERLANDETE BODDENUFER

Der Vordarß besitzt sicher die geringste landschaftliche Attraktivität der Halbinsel. Ausgedehnte nasse Moorwiesen, durch Verlandung an den Boddenufern entstanden, prägen das Bild des völlig flachen Vordarß. Ebenso die Entwässerungsgräben, mit denen man dieses eingedeichte Areal vor 1990 großflächig meliorierte und in „Saatgrasland“ umwandelte.

Nur die Uferzonen zeigen hier eine naturnahe Entwicklung (breite Schilfgürtel). Im Süden des westlichen Vordarß hat man einen Teil des meliorierten Wiesengeländes zur Renaturierung „wiedervernässt“. Sein nördlicher Teil ist größtenteils sumpfiger Bruchwald, der ebenfalls entwässert wurde.

Prerow
Prerowstrom
ÖSTLICHER VORDARSS
NEUDARSS
ÖSTLICHER VORDARSS
ALTDARSS
WESTLICHER VORDARSS
WESTLICHER VORDARSS

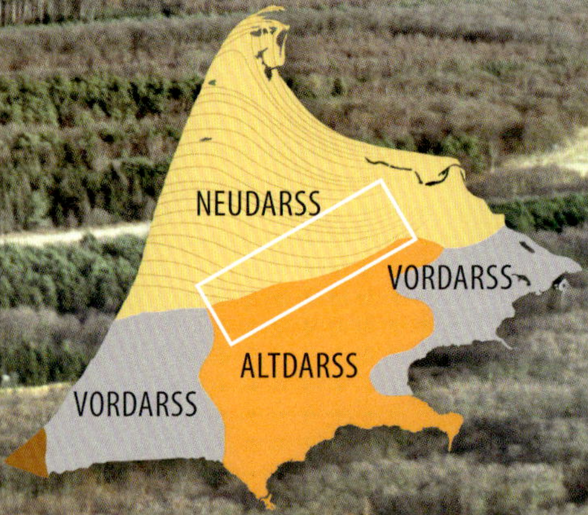

NEUDARSS

ALTDARSS-INSEL UND ALTDARSS-KLIFF

Als das Inlandeis vor etwa 15.000 Jahren taute, lagerten die Schmelzwässer dicke Sandschichten ab. Aus solchem Schmelzwassersand besteht der Altdarß.
Noch lange nach der Eiszeit war die Landschaft kahl. Der Wind trieb den lockeren Sand über die ebene Oberfläche und häufte ihn zu Dünen an. Danach bewaldete das Gebiet.
Als die Ostsee vordrang, wurde der damals noch deutlich größere Altdarß zur Insel. Von ihr trug das Meer beständig Sand ab. Dabei entstand auch ein niedriges Steilufer – das Altdarß-Kliff.
Vor etwa 2.000 Jahren begann die Ostsee vor diesem Kliff etwa parallel dazu verlaufende, schmale Strandwälle aufzuschütten – die Bildung des Neudarß begann.
Heute erscheint das Altdarß-Kliff als markante, den Darß diagonal querende und mit Buchen bewachsene Geländestufe.

Foto: Der nordwestlichste Altdarß.

Das Altdarß-Kliff – ein ehemaliges Meeresufer.

Große Buchhorster Maase
ALTDARSS-KLIFF
ALTDARSS

WALD AUF DEM ALTDARSS

Auf den sandigen Böden des Altdarß wächst hauptsächlich von Menschen geprägter Kiefernwald. Wacholder- und Ilexbüsche bilden an manchen Stellen dichtes Unterholz. Auf ausgedehnten Flächen aber wächst Adlerfarn am Waldboden in so dichten Beständen, dass dort kaum andere Pflanzen gedeihen.
Stärker als der Neudarß zeigt der Altdarß die Anzeichen früherer intensiver forstwirtschaftlicher Nutzung. So erkennt man an zahlreichen Kiefernstämmen die Spuren einstiger Harzgewinnung. Im Forst- und Jagdmuseum in Born auf dem Darß findet man interessante Informationen zur Nutzung des Darßwaldes.

Foto: Alter Kiefernwald auf dem Altdarß mit Wacholder-Unterholz – an den Kiefernstämmen die Spuren früherer Harzgewinnung.

Adlerfarn

Wacholder

Ilex

DARSSLANDSCHAFT

EIN BAUWERK DER OSTSEE

Der im Laufe der vergangenen 2.000 Jahre entstandene Neudarß ist ein beeindruckendes, für die deutsche Küste einzigartiges Bauwerk der Ostsee.

Weil Wind und Sturm hauptsächlich aus südwestlicher Richtung wehen, wird immer wieder Sand parallel zum Weststrand nach Nordosten zur Landspitze Darßer Ort getrieben und dort abgelagert. Dabei transportiert das Meer nicht nur Sand von weiter südlich hierher, sondern trägt auch am Weststrand den Sand vom Neudarß selbst wieder ab – von seinem eigenen Bauwerk.

Auf Grund dieser besonderen geologischen Situation erhielt der Neudarß das Prädikat „Nationaler Geotop".

Foto: Der Neudarß. (April 2019)

NEUDARSS

DER NEUDARSS

REFFE UND RIEGEN

Der zwischen Altdarß-Kliff und Darßer Ort etwa sieben Kilometer lange Neudarß besteht aus parallel verlaufenden, schmalen, lang gestreckten Strandwällen – **Reffe** – die heute fast durchweg bewaldet sind. Diese bei Sturmfluten vom Meer aufgeworfenen Strandwälle wurden anschließend mit Dünen bedeckt. Das Alter der Reffe nimmt vom Süden nach Norden ab. Auf den jüngeren, noch nährstoffarmen Reffen im Norden wachsen Kiefern. Auf den älteren, bereits nährstoffreicheren im Süden gedeiht anspruchsvollerer Buchenwald. Zwischen den Reffen liegen feuchte Senken – **Riegen** – einstige Strandseen, die inzwischen fast alle verlandet und mit Erlenbruchwald bestanden sind.

Foto: Nördlicher Teil des Neudarß mit Darßer Ort. (April 2019)

BAUWERK DES MEERES

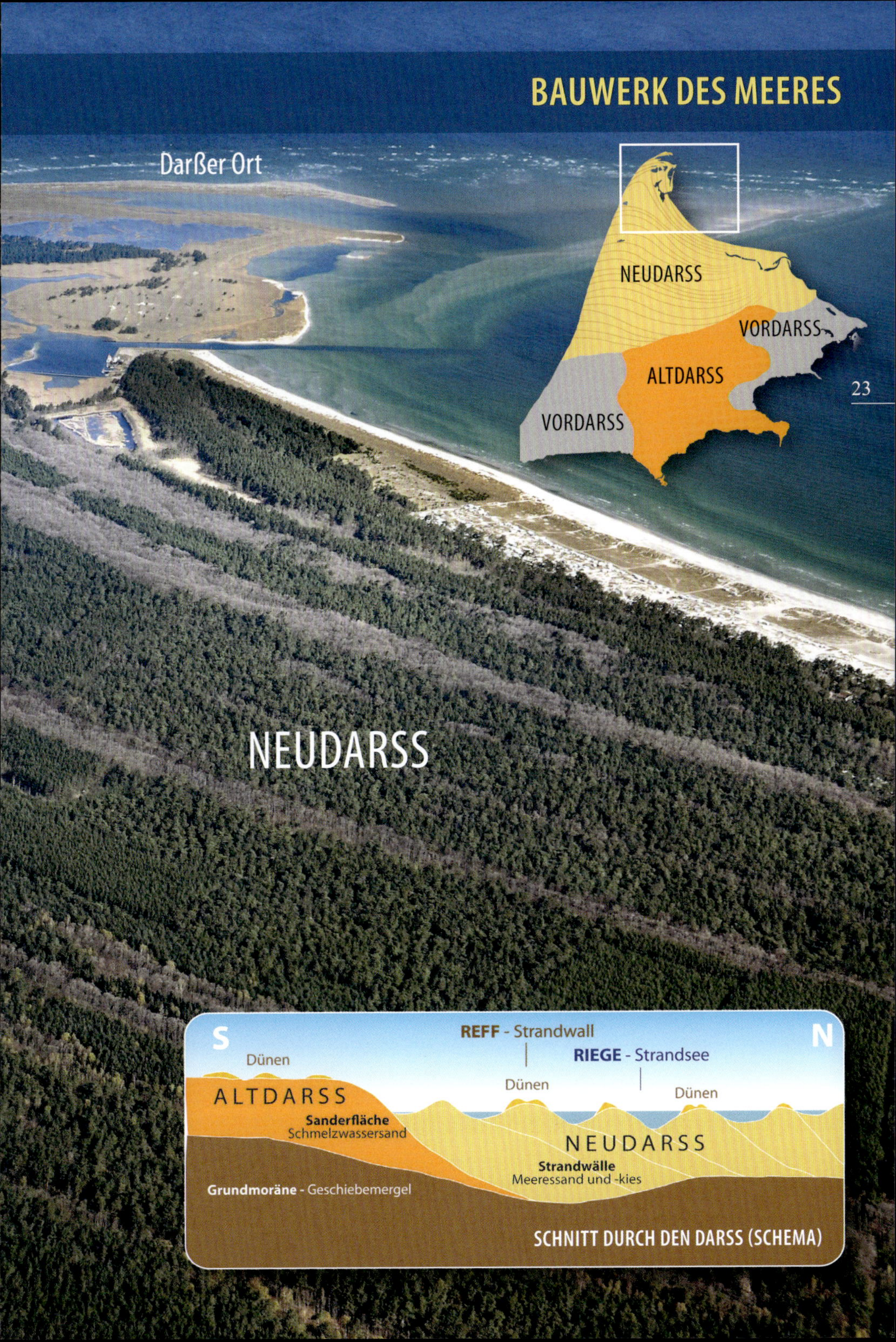

SCHNITT DURCH DEN DARSS (SCHEMA)

ERLENBRUCH- UND BUCHENWALD

Auf dem Nord-Süd verlaufenden Wanderweg durch den Neudarß quert man im Wechsel beständig Reffe und Riegen – ein kontrastreiches Waldbild. Auf den jüngeren, noch nährstoffarmen Reffen im Norden wachsen Kiefern. Auf den älteren, nährstoffreicheren im Süden gedeiht anspruchsvollerer Buchenwald (rechte Seite).
Zwischen den Reffen liegen die feuchten Riegen – einstige Strandseen, die inzwischen fast alle verlandet und mit Erlenbruchwald (diese Seite) bestanden sind. Zeitweise steht in ihnen noch das Wasser. Hier blühen im Sommer u. a. Sumpf-Schwertlilien und Wasserfedern.

SÜDLICHER NEUDARSS

Sumpf-Schwertlilie

Wasserfeder
Foto: K. Bärwald

DARSSER WESTSTRAND

TRAUMHAFTES UFER

Der Darßer Weststrand vermittelt das Bild einer vom Menschen ungestörten Küste. Deshalb ist er auch Traumziel vieler Naturfreunde, Strandwanderer, Sonnenhungriger... Es ist faszinierend, diesen Strand im Laufe der Jahreszeiten, bei unterschiedlichsten Wind, Wetter und Wasserstand zu erleben. Nur selten zeigt er sich nach einigen Tagen oder Wochen so wie vorher. Immerzu verändert sich seine Beschaffenheit – Breite, Strukturen, Angespül... Wer ihn erst nach einigen Jahren wieder besucht, wird seine Ufer kaum wiedererkennen. Markante Küstenbilder sind nicht mehr auffindbar, denn regelmäßig geht bei Stürmen ein viele Meter breiter Landstreifen verloren. Auch diese offensichtlich so ungestörte Küstendynamik zählt zu den ungewöhnlichen Besonderheiten, die der Nationalpark zu bieten hat. Gerade hier sollte es für jeden Gast selbstverständlich sein, den Hinweisen und Geboten der Nationalparkverwaltung zu entsprechen. So leer wie auf dem großen Foto wird man den Darßer Weststrand bei sonnigem Wetter allerdings kaum einmal erleben.

Fotos: Der Darßer Weststrand im Frühherbst.

UNGESTÖRTE KÜSTE

DAS MEER ZERSTÖRT

Kaum an einer anderen Stelle der südlichen Ostsee kann man die Dynamik der Küste besser beobachten als am Darßer Weststrand. Weil dessen niedriges Ufer nur aus lockerem Sand besteht, haben hier die Wellen ein leichtes Spiel – besonders im Winterhalbjahr bei Hochwasser und Sturm aus Südwest bis Nordwest. Dann fällt manchmal innerhalb eines Tages ein mehrere Meter breiter Streifen des niedrigen Dünenkliffs der Reffe der Abtragung zum Opfer. Die abgestürzten Bäume zeugen vom Zerstörungswerk des Meeres.

Dort wo Riegen auf das Ufer treffen, erscheinen nach einer Sturmflut vor dem Strandwall dicke ausgespülte Torfschichten auf dem Strand. Sie sind stabiler als der lockere Sand. Wie schnell die Küste auf diese Weise zurückweicht, ist abhängig von der Anzahl der Sturmfluten, der dabei herrschenden Windrichtung und dem dabei auftretenden Wasserstand.

großes Foto: Zerstörungen am Sandkliff des Darßer Weststrandes nach einem Sturm. (Oktober 1986)

Bei Sturmflut freigelegte Torfschicht einer Riege.

DER RUHELOSE SAND

Nur sehr selten ist die Ostsee einmal spiegelglatt. Doch selbst dann schwappt hin und wieder eine winzige Welle gegen den Strand. Und sogar dabei wird Sand bewegt, vielleicht nur eine Handvoll auf dem laufenden Meter. Meistens aber ist durch die Wellenbewegung viel, viel mehr Sand in beständiger Bewegung.

Bei schräg auflandigem Wind werden die von einer Welle hochgeschleuderten Sandkörner mit dem **Schwall** des auflaufenden Wassers schräg auf den Strand getrieben. Sofort danach werden sie mit dem **Sog**, geradlinig ins Wasser zurückgespült, von der nächsten Welle aufgewirbelt und wiederum schräg auf den Strand getrieben – und so fort. Auf diese Weise wird ein Sandkorn fast mit Fußgängergeschwindigkeit von **A** nach **B** verlagert (siehe Grafik). Dieser Vorgang wiederholt sich ununterbrochen.

Je stärker der Wind und je kräftiger die Wellen, umso mehr Sand kommt in Bewegung und wird parallel zur Küste transportiert. Weil der Wind hier meist aus westlichen Richtungen weht, verläuft der Sandtransport hauptsächlich in nordöstlicher Richtung – zum Darßer Ort hin. So verfrachtet das Meer auch den vom Ufer abgetragenen Sand.

Foto: Windiges Herbstwetter am Darßer Weststrand.

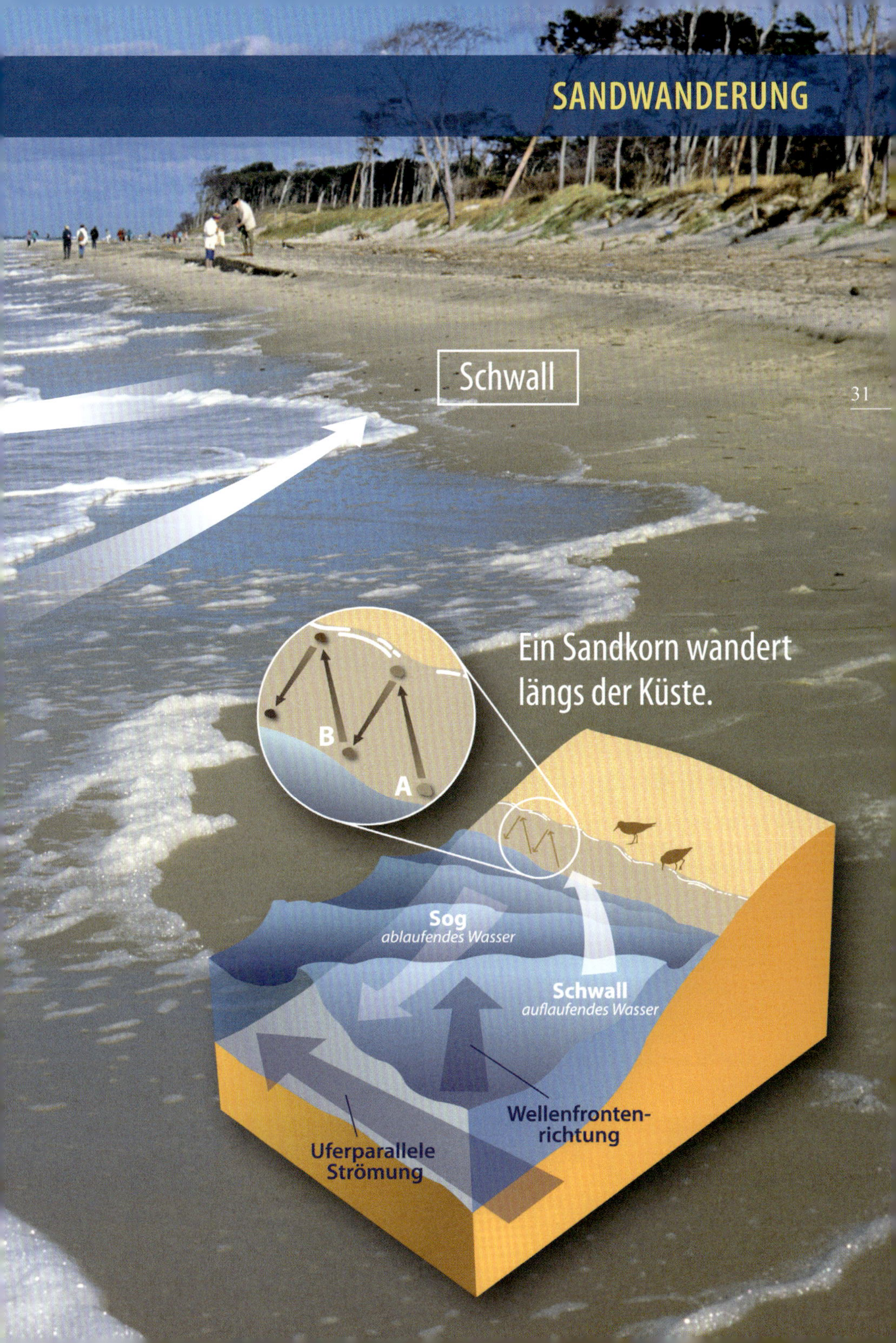
Schwall
Ein Sandkorn wandert längs der Küste.
B
A
Sog
ablaufendes Wasser
Schwall
auflaufendes Wasser
Wellenfronten-richtung
Uferparallele Strömung

KLIFFRANDDÜNEN

Bei Sturmflut nagt das Wasser am niedrigen Steilufer des Weststrandes und hinterlässt oft ein steiles Sandkliff. Sobald der lockere Sand trocknet, fängt er an zu rieseln und der Wind beginnt ihn zu verwehen. Dadurch wird das anfangs noch steile Kliff alsbald abgeflacht und geglättet. Treffen auflandige stürmische Winde auf das Ufer, so tragen sie Sand von Kliff und Strand über die Kliffkante landeinwärts. Auf diese Weise entstehen auf den alten bewachsenen Dünen der Reffe flache neue Dünen – Kliffranddünen. Sand wird auch an Stellen aufgeweht, wo nach einer Sturmflut vor einer Riege ein niedriger Strandwall entstand.

großes Foto: Ein Sturm verweht den Sand zur Kliffranddüne.

Vom Wind geglättetes Dünenkliff an einem Reff.

DARSSER WESTSTRAND

„EISZEIT“

Festes Eis vor der Außenküste ist eine Seltenheit. Fällt aber bei einem Wintersturm massenhaft Schnee ins unterkühlte Ostseewasser, so wird er manchmal auch gegen den Strand getrieben. Herrscht dort Frost, so gefriert das Ganze alsbald. Dann entstehen hohe Schneeeis-Wälle oder ein Saum aus großen Schnee-eis-Schollen.

Fotos: Der Darßer Weststrand mit Wällen und Schollen aus Schneeeis (März 1993).

SCHWERER SAND

Trägt das Wasser den Sand vom Steilufer ab und verfrachten ihn weiter, so bleiben manchmal hier und da schwarze, violette oder rötliche Streifen auf dem Strand zurück (**1**). Das Wasser hat dort besonders schwere Sandkörner konzentriert. Deren Dichte liegt erheblich über der von Quarz, aus dem der Strandsand zum allergrößten Teil besteht. Es sind Sandkörner hauptsächlich aus den besonders harten und verwitterungsbeständigen Mineralen **Magnetit** (schwarz), **Granat** (violett und rötlich, glänzend) und **Zirkon** (bräunlich, stark glänzend). Der Fachbegriff für eine derartige Konzentration von Schwermineralsand am Strand heißt „Strandseife". Betrachtet man einen solchen Sand unter dem Mikroskop, meint man in eine Schatzkammer mit ungeschliffenen Edelsteinen zu schauen (**2**). Tatsächlich zählen Granat und Zirkon zu den Edelsteinen bzw. Halbedelsteinen. Das Mineral Magnetit – ein Eisenoxid – ist wirklich magnetisch. Das kann man sehr eindrucksvoll mit einem kleinen Magneten demonstrieren. Mit ihm lassen sich die schwarzen Magnetitsandkörner aus dem trockenen Schwermineralsand herausziehen (**3**).

1

2

3

STRANDGERÖLL

Ein geringer Teil des vom Meer längs der Küste transportierten Materials ist gröber als Sand. Nach Stürmen bleiben oft Kies und Geröll am Strand zurück – so wie es auf dem großen Foto erkennbar ist. Der überwiegende Teil der Gerölle besteht aus Feuerstein. Dazwischen finden aufmerksame Strandwanderer hin und wieder den Feuersteinkern eines kleinen Seeigels – ein begehrter Fund vom Darßer Weststrand.

DARSSER ORT

MARKANTE LANDSPITZE

Die weit vorspringende Nordspitze des Neudarß wird als Darßer Ort bezeichnet. Dieses Gebiet gehört zu den wenigen Stellen an der deutschen Ostseeküste, an denen das Meer fortwährend neues Land aufbaut. Die hier gebildeten Reffe und Riegen sind aber nicht so lang und schmal wie die auf dem südlichen Neudarß, sondern laufen breit auseinander. Das liegt an den hier herrschenden geringeren Wassertiefen.

Der Leuchtturm Darßer Ort mit seinem NATUREUM bilden das populärste Ausflugziel auf der Halbinsel Darß. Von hier aus führt ein Rundweg mit Aussichtspunkten durch die Kernzone des Nationalparks und erlaubt einzigartige Naturbeobachtungen.

Foto: Luftbild vom April 2019.

Strandsee
(Libbertsee)
Rundweg
Rundweg
ehemalige Marine-
nachrichtenstation
und Sendemast
Rundweg
Leuchtturm und
Leuchtturmgehöft
mit Natureum

STURMFLUT

Bei dieser Sturmflut im November 1992 gibt es keinen Strand mehr – er ist meterhoch überflutet. Die Wellen schlagen gegen den Fuß des Dünenwalles. Man kann zusehen, wie rasch er abgetragen wird. Das Wasser ist getrübt vom aufgewirbelten Sand. Wenige Minuten später stürzt auch der Wegweiser.
An manchen Stellen schneidet eine Sturmflut das Dünenkliff innerhalb weniger Stunden um mehrere Meter zurück. Der abgetragene Sand wird vom Wasser meist zur Spitze des Darßer Ortes transportiert. Auf dem Sandstrand vor dem zurückgeschnittenen Kliff bleiben grober Kies, oft auch kleine Gerölle zurück.
Nur bei auflandigem Wind, wenn die Wellenfronten bei Sturm parallel zur Strandlinie auftreffen, wird ein Teil des abgetragenen Sandes nicht weggeführt, sondern liegt anschließend als breiter Strand vor dem Dünenkliff.
Noch vor etwa 50 Jahren lag am Weststrand der Scheitelpunkt zwischen Abtragung und Anlandung südlich der Stelle auf dem großen Foto. Seither hat er sich weit nach Norden verschoben. So rückt heute die Küstenlinie auch beständig gegen den Leuchtturm vor.

großes Foto: Das Ufer am Leuchtturmweg bei einer Sturmflut im November 1992.

Dünenkliff nördlich vom Leuchtturmweg nach einer Sturmflut.

DARSSER ORT

Libbertsee
Ottosee
LEUCHTTURM
NOTHAFEN
Sandkruesee
Teerbrennersee
NACH PREROW

KÜSTENDYNAMIK

LANDSCHAFT IN BEWEGUNG

Ältere Landkarten zeugen vom raschen Wachstum des Darßer Ortes in den vergangenen zwei Jahrhunderten. Dabei taucht oft zuerst ein Sandhaken oder eine vorgelagerte breite Sandbank als Insel auf. Diese erhält später eine Verbindung zum Ufer. Dadurch kommt es zur Abschnürung eines Strandsees. Auf den breiten Sandflächen des neu gebildeten Strandes häuft der Wind Dünen auf, die später bewachsen.
Die Landspitze wächst zwar generell langsam nach Norden, es gibt dabei aber keine Kontinuität. Eine einzige schwere Sturmflut mit Wind aus Nordost kann längst landfest Gewordenes wieder abtragen und die Küstenlinie stark verändern.

CAMPINGPLATZ

DARSSER ORT

SANDHAKEN UND SANDBANK

Dieses Luftbild vom April 2019 zeigt die typische Entwicklung der Landspitze: den sich nach Osten vorschiebenden Sandhaken und die vorgelagerte breite Sandbank. Beide werden voraussichtlich später miteinander verwachsen und einen weiteren Strandsee abschnüren. Die Sandriffe im Flachwasser deuten bereits den vermutlichen Verlauf künftiger Küstenlinien an.

VOM WINDE VERWEHT

Sobald der Sand am Strand trocknet, beginnt der Wind, ihn landeinwärts zu wehen. An kleinen Hindernissen bilden sich dann Sandfahnen, die langsam wachsen. So entstehen die niedrigen **Vordünen**. Können sie sich ungestört entwickeln, so werden sie zu mehrere Meter hohen Sandhügeln, zu **Weißdünen**, die von starkem Wind immer wieder umgeformt werden. Weil es dort kaum Humus, also Nährstoffe, gibt und das Regenwasser sofort im Sand versickert, haben es Pflanzen auf Vordünen und Weißdünen besonders schwer. Deshalb wachsen hier nur wenige Arten, hauptsächlich Strandhafer und Strandroggen.

Foto: Weißdüne am Rundweg.

Dünenkiefernwald
vermoortes Dünental
Strand
Vordüne
Weißdüne
Graudüne
Braundüne

DARSSER ORT

DÜNENENTWICKLUNG

Lagern sich seeseitig weitere Weißdünen an, so durchsetzt erster Humus den Sand der älteren Weißdünen. Sie werden zu **Graudünen**, auf denen sich Moose, Flechten und feinere Gräser ansiedeln.
Hat sich weiterer Humus angereichert, bewachsen die Graudünen mit Zwergsträuchern wie Heidekraut und Krähenbeere, sie werden zu **Braundünen**. Auf ihnen wächst dann schließlich ein Dünenkiefernwald heran.
Diese Entwicklungsstadien von Dünen gibt es auch am Darßer Ort. Man kann sie sehr schön vom Rundwanderweg aus beobachten.

großes Foto: Bohlenweg durch die Graudünen am Darßer Ort.

GRAUDÜNEN

Moos in den Graudünen

EXTREMER LEBENSRAUM

Dünen sind besondere Lebensräume, mit denen nur wenige Pflanzen zurechtkommen – mit Trockenheit, Wind, Nährstoffarmut und Salz. Einige wenige Pflanzenarten haben sich diesen Umständen angepasst und wachsen nun an ihrem extremen Standort auf dem Sand ohne wesentliche Konkurrenz. Manche dieser Pflanzen kann man auch vom Rundwanderweg aus am Strand und in den Dünen entdecken.

Kiefer
Sand-Strohblume
Krähenbeere
Besenheide
Glockenheide
Kriechweide
Dünenkiefernwald
Braundüne

LEBEN AM MEERESBODEN

Dort, wo der Sand am Strand und im Flachwasser beständig bewegt wird, ist er wenig belebt. Im ruhigeren Sandgrund am Meeresboden der Prerowbucht, dort wo der Sand nur selten durchbewegt wird, leben zahlreiche Muscheln.

Die drei häufigsten weißschaligen Muschelarten der Ostsee leben im Sand eingegraben: **Sandklaffmuschel**, **Herzmuschel** und **Baltische Plattmuschel** – so wie es das Modell auf dem Foto zeigt.

Die dunkelschaligen **Miesmuscheln** leben auf dem Meeresboden, brauchen aber zuerst, bevor sie auf dem Grunde eine Kolonie bilden, eine kleine feste Unterlage.

Wird der Lebensraum der Muscheln bei einer Sturmflut oder durch schürfendes Grundeis gestört, so kommt es zu einem Massensterben. Dann liegen anschließend große Mengen von Muschelschalen auf dem Strand – so wie es das große Foto zeigt.

großes Foto: Angespülte Muschelschalen am Darßer Nordstrand.

Nachbildung eines Sandgrundes im Flachwasser
(NATUREUM Darßer Ort)

LEUCHTTURM DARSSER ORT

BESUCHERMAGNET

Die Ostsee vor Darßer Ort ist reich an gefährlichen Untiefen. Hier gab es früher zahlreiche Schiffsstrandungen. Daher wurde bereits 1817, kurz nach der Eingliederung Vorpommerns in das Königreich Preußen, von den Behörden mit den Untersuchungen zum Bau eines Leuchtturms am Darßer Ort begonnen. 1845 gab der Preußische König die Genehmigung zum Bau des Turmes. Er wurde im Herbst 1848 fertiggestellt und wenig später in Betrieb genommen. Damit ist er – nach dem „Schinkelturm“ auf Kap Arkona – der zweitälteste Leuchtturm an der Küste von Mecklenburg-Vorpommern und gleichzeitig der älteste, der sich noch in Betrieb befindet. Heute zählt er zu den beliebtesten Ausflugszielen an der deutschen Küste.

Die Verantwortlichkeit für den Leuchtturm liegt seit 2020 beim Wasserstraßen- und Schifffahrtsamt Ostsee in Stralsund.

LEUCHTTURM DARSSER ORT

DIE LATERNE

Das Herzstück des Leuchtturms ist das Leuchtfeuer (Seefeuer) in der Laterne auf der Turmspitze. Ein Fresnelscher Linsenapparat (die „Optik") verstärkt das Licht zu einem scharfen Scheinwerferstrahl. Als Lichtquelle diente früher eine mit Rüböl oder Petroleum betriebene Lampe bzw. ein Glühlicht. 1936 wurde der Leuchtturm elektrifiziert. Seither brannte dort eine starke Glühlampe (2.000 Watt), neuerdings eine Halogendampflampe (600 Watt). Anfangs lieferten Generatoren im Maschinenhaus in Strandnähe den Strom. 1944 erfolgte der Anschluss an das öffentliche Netz.
Das Leuchtfeuer hat die Charakteristik Fl (2+4) W 22s, das bedeutet zwei + vier Blitze alle 22 Sekunden. Die Tragweite des Lichtes beträgt 23 Seemeilen (42,5 km). Bis 1978 war der Turm mit Leuchtfeuerwärtern besetzt. Seither arbeitet das Leuchtfeuer automatisch und wird funkferngesteuert.

großes Foto: Der Umgang und die Laterne.
Foto unten und rechts: Blick in die Laterne und auf die Optik.
Zeichnung: ursprünglicher Zustand von Laterne und Optik.

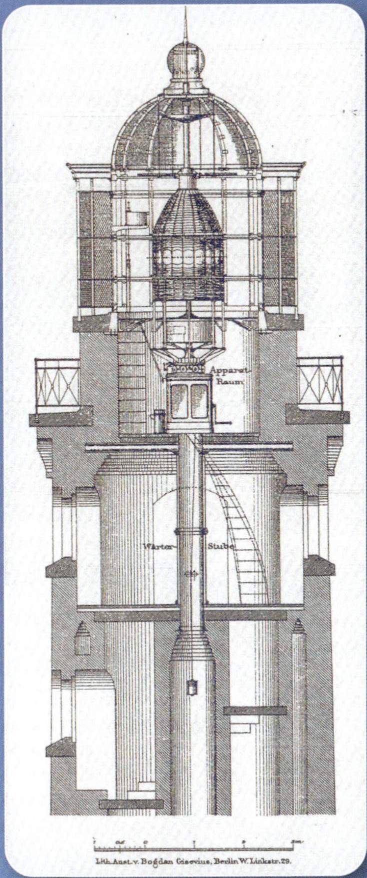

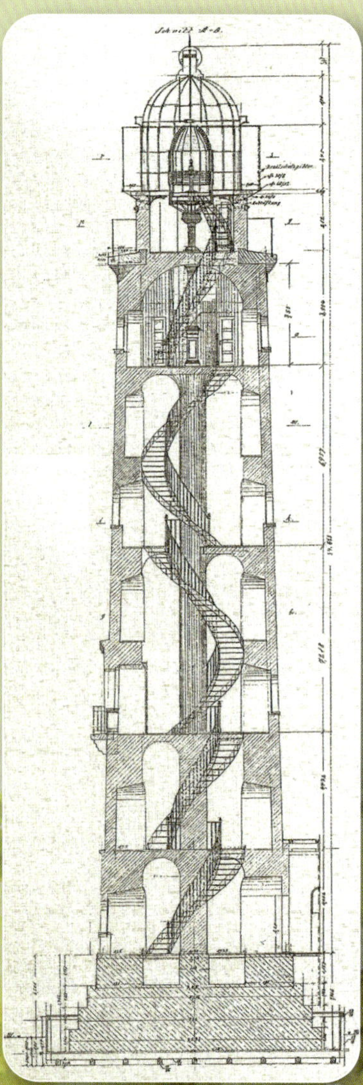

Bestandszeichnung von 1996.

DER BAU

Als man 1847 mit dem Bau des Leuchtturmes begann, erwies sich der sandige Baugrund als problematisch. Statt einer Pfahlgründung wurde deshalb für Turm und Hauptgebäude ein Rost aus dicken Eichenbohlen im Grundwasserbereich verlegt; darauf kam eine meterdicke Packung großer Feldsteine. Darüber dann das eigentliche hohe Fundament aus behauenen Findlingen. Darauf mauerte man den 35,4 Meter hohen Turm und das Leuchtturmwärterhaus aus insgesamt etwa 24.000 Mauersteinen und Klinkern.

Eine filigrane Stahlgusstreppe führt über 134 Stufen zu der 28 Meter hoch gelegenen Aussichtsgalerie und zur Laterne.

Der große, ummauerte Hof wurde mit Feldsteinen gepflastert – von geklinkerten Wegstreifen durchzogen.

DIE GEBÄUDE

Im zweistöckigen Leuchtfeuerwärterhaus am Turm wohnten 2 Familien. 1892 entstand an der Südseite des Hofes das „Oberwärterhaus", das Wohnraum für eine weitere Familie und „Kommissionsräume" als Unterkunft für Inspekteure bot.
Die Ostseite des Hofes wird begrenzt vom Wirtschaftsgebäude, das auch als Stall diente. In einem niedrigen Schuppen an der Westseite („Petroleumbunker") lagerte man das Brennöl für das Feuer.
Der Hof ist mit einer Ziegelsteinmauer eingefasst, mit der die Gebäude untereinander verbunden sind. Das Ganze bildet ein einzigartiges Ensemble, das heute – nach sorgfältiger Restaurierung – in seinem ursprünglichen Zustand als „klassisches Leuchtfeuergehöft" zu erleben ist.

LEUCHTTURM DARSSER ORT

LEUCHTTURMWÄRTER

Das Leuchtfeuer musste bei Dunkelheit beständig brennen. Dafür verantwortlich waren anfangs zwei, später drei Leuchtfeuerwärter. Sie waren preußische Beamte, die nach strengen, detaillierten Dienstanweisungen zu arbeiten hatten. Ihnen oblag die Wartung und Pflege aller technischen Einrichtungen ebenso, wie die beständige Kontrolle des von Sonnenuntergang bis Sonnenaufgang brennenden Leuchtfeuers. Dazu hatte sich jeweils ein Wärter in der Wachstube unterhalb der Laterne aufzuhalten. Hinzu kamen Wetterbeobachtungen und die Bedienung der Nebelsignalanlage.

Die Wärter wohnten mit ihren Familien beständig in den beiden Häusern am Leuchtturm. Weit weg vom Ort und nur auf schlechten Wegen erreichbar, erwies sich ihre regelmäßige Versorgung rund ums Jahr als problematisch. Daher mussten sie sich mit möglichst vielen Dingen selbst versorgen. Jede Familie hielt ein Schwein und ein bzw. zwei Kühe, außerdem Hühner. Es gab Weide, Wiese, ein Stück Ackerland und einen Gemüsegarten.

Abbildung: Leuchtturmgehöft um 1900.

LEUCHTTURMBESTEIGUNGEN

Natürlich wurde der Leuchtturm bereits wenige Jahre nach seiner Fertigstellung von den langsam auch auf dem Darß anrückenden Touristen „entdeckt". Ihnen war gegen Entgelt und unter Aufsicht eines Wärters die Besteigung erlaubt. Zeitweise gab es sogar – außerhalb des Hofes – einen Ausschank. Während der Kriege war die Besteigung untersagt. Dafür kamen militärische Einquartierungen, die den Leuchtfeuerwärtern oft das Leben schwer machten.

Als sich die Verhältnisse nach dem II. Weltkrieg normalisiert hatten, strömten die Urlauber zum Leuchtturm. 1960 gab es 36.000 Turmbesteigungen. Bis zum 4. August 1961 waren es bereits 25.000. An diesem Tag aber wurde die Besteigung „bis auf Weiteres" untersagt. Bald darauf gliederte man den Leuchtturm in das militärische Sperrgebiet am Darßer Ort ein.

Seit der Öffnung des Turmes 1995 besteigen ihn Jahr für Jahr etwa 100.000 Besucher – die Gäste des NATUREUMs. Ihnen werden im Turmaufgang technische Details zum Leuchtfeuer präsentiert.

SPERRGEBIET

Der Darßer Ort mit dem Leuchtturm wurde nach dem Bau der Berliner Mauer 1961 wegen Fluchtgefahr zum Sperrgebiet erklärt.
Dort – mitten in dem bereits1957 eingerichteten Naturschutzgebiet Darßer Ort – entstand gegen Recht und Gesetz der DDR ein Marinehafen und eine Bungalowsiedlung mit Hubschrauber-Landeplatz. Dort erholten sich, völlig ungestört von der Bevölkerung, hochrangige Militärs der DDR mit ihren Familien. Nachdem die letzten Leuchtturmwärter 1978 ihren Platz wegen Automatisierung des Feuers räumen mussten, verfiel das Leuchtturmgehöft.

großes Foto: Leuchtturm im Sperrgebiet. Hier hatten Besucher vom Sommer 1961 bis zur Wende nichts zu suchen. Foto: H.-J. Luttermann 1988

GESCHICHTE AM DARSSER ORT

Auf der offiziellen DDR-Wanderkarte Darß-Fischland von 1984 war der Darßer Ort mit seinem Leuchtturm einfach abgeschnitten – obwohl ihn die kleine Grafik am oberen Kartenrand noch zeigte.

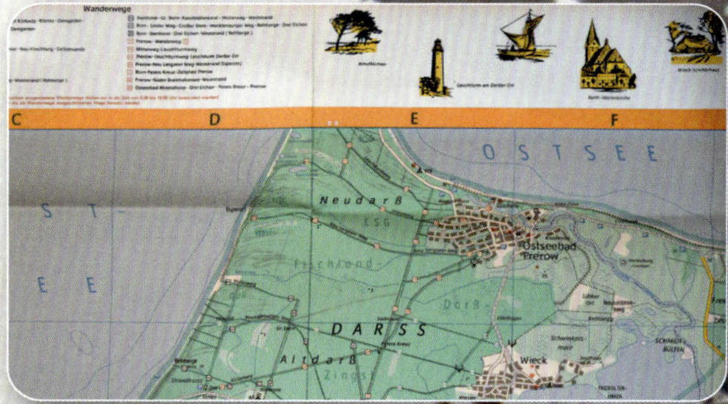

Mitten in der sensibelsten Zone des Naturschutzgebietes hatte man nach 1961 diese Bungalows errichtet. Die Gebäude wurden 1993 durch die Nationalparkverwaltung abgerissen, das Gelände renaturiert.

LEUCHTTURM DARSSER ORT

RESTAURIERUNG

Der gesamte seit 1986 unter Denkmalschutz stehende Gebäudekomplex präsentiert sich heute sorgfältig restauriert. Nach jahrzehntelanger Vernachlässigung erfolgten 1990 erste Ausbesserungen am schwer in Mitleidenschaft gezogenen Außenmauerwerk des Turmes. Innen wurde er 1994/95 so hergerichtet, dass er 1995 wieder zur Besteigung freigegeben werden konnte.

Das Äußere der übrigen Gebäude erhielt zum 150. Jubiläum des Turmes 1998 sein ursprüngliches Aussehen zurück.

Aber erst 2009 wurde das Äußere des Turmes einer aufwändigen Erneuerung unterzogen und dabei auch das 1990 durch falschfarbige Klinker angerichtete „optische Desaster" beseitigt.

großes Foto: Zustand des Leuchtturmgehöftes und seiner Umgebung im ***Sommer 1992.***

NEUER GLANZ

1998
2010
1991
1998
Seenotrettungs-
schuppen
Reste des Grenzzaunes

NATUREUM DARSSER ORT

Der Leuchtturm Darßer Ort und das Leuchtturmgehöft sind heute Eigentum des Wasser- und Schifffahrtsamtes Ostsee in Stralsund. Das Amt sorgte dafür, dass der unter Denkmalschutz stehende Gebäudekomplex mustergültig restauriert wurde. Seit 1991 wird er vom Deutschen Meeresmuseum Stralsund als Außenstelle NATUREUM Darßer Ort genutzt. Sie zählt zu den am meisten besuchten musealen Einrichtungen in Mecklenburg-Vorpommern.

Seeadler-Präparat im NATUREUM

NATURKUNDEMUSEUM IN DER NATUR

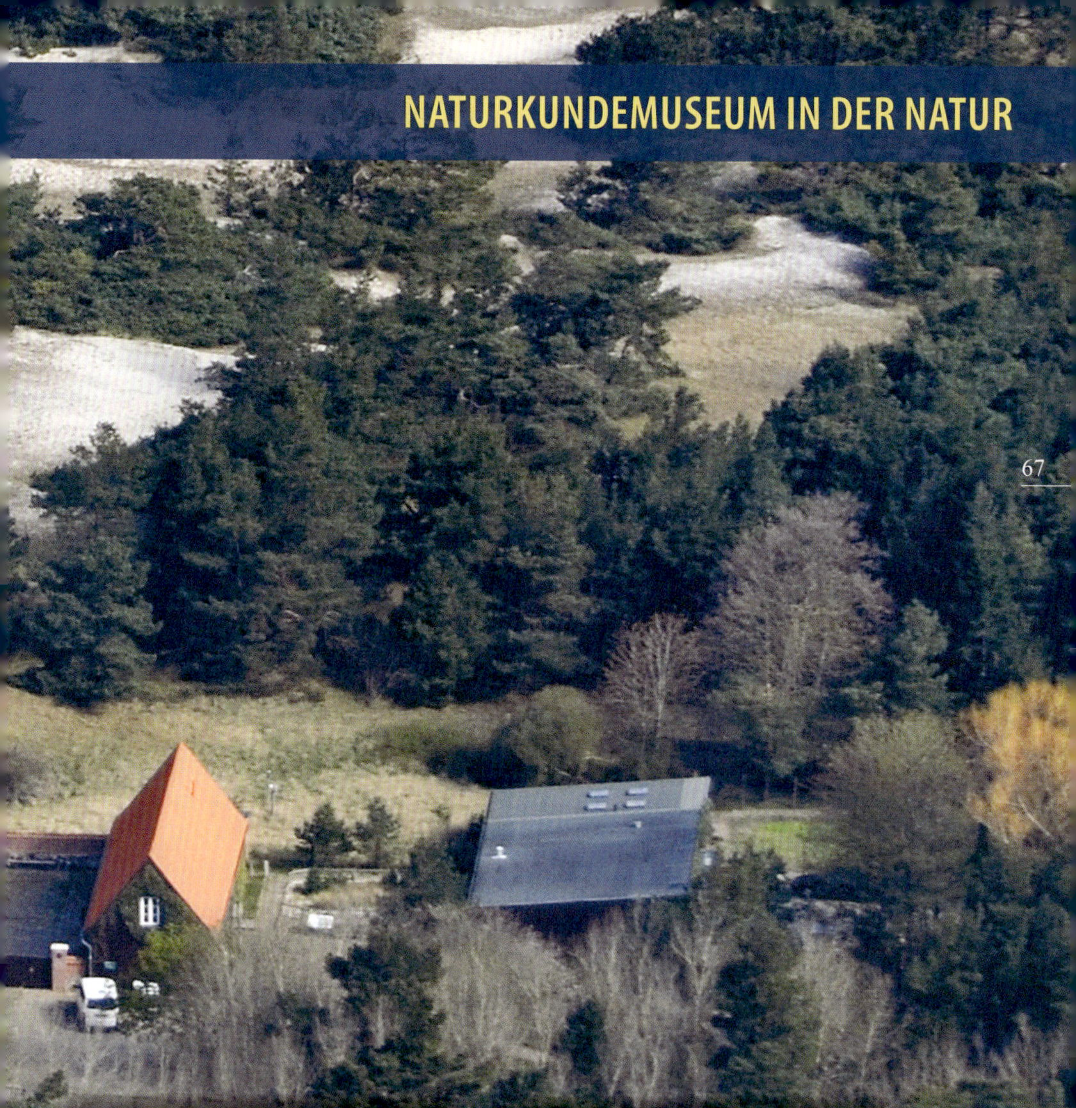

Das NATUREUM bietet seinen Besuchern interessante naturkundliche Ausstellungen, die sich besonders dem Darßer Ort widmen. Die Leuchtturmbesteigung ist sicher der Höhepunkt beim Besuch der Einrichtung. In den Ostsee-Aquarien kann man Fische und Wirbellose bewundern, die im Flachwasser der Ostsee vor Darßer Ort leben.
Das stilvolle „Café am Leuchtturm" ist den Besuchern des NATUREUMs vorbehalten.

Das NATUREUM liegt mitten in der Kernzone des Nationalparks Vorpommersche Boddenlandschaft und ist **nicht mit öffentlichen Verkehrsmitteln oder privaten Kraftfahrzeugen erreichbar, sondern nur zu Fuß oder mit dem Fahrrad. Von Prerow, Wieck und Born aus verkehren Pferdekutschen bis** hierher.
Am NATUREUM beginnt und endet auch der einzigartige Rundweg um den Darßer Ort. Er bietet Gelegenheit für großartige Naturbeobachtungen.

NATUREUM DARSSER ORT

GEOLOGIE UND LANDSCHAFT

Die Ausstellung bietet zuerst einen geografischen Überblick über den Nationalpark mit seiner landschaftlichen Vielfalt sowie über den Darßer Ort. Sie erklärt die geologische Geschichte der Halbinsel Fischland-Darß-Zingst und die faszinierende Bildung des erst in den vergangenen 2.000 Jahren entstandenen Neudarß als einzigartiges Bauwerk des Meeres.

AUSSTELLUNG „NATURRAUM DARSSER ORT“

LEBENSRÄUME

Den Schwerpunkt der Ausstellung bilden die vielfältigen, sich beständig verändernden Lebensräume auf dem Neudarß, besonders am Darßer Ort. Hier findet man auf engsten Raum Wald, Strandseen, Dünen-, Strand- und Flachwasserareale. Mit anschaulichen Grafiken und Fotos sowie zahlreichen Präparaten von Meerestieren werden diese Lebensräume präsentiert und erklärt.

Säugetierpräparate von Dirk Opalka (Born/Darß)

AUSSTELLUNG „TIERWELT DER DARSSLANDSCHAFT“

WIE LEBENDIG

In dieser Ausstellung sind zahlreiche hervorragende Präparate von Säugetieren des Waldes und der Feuchtgebiete (von der Spitzmaus über Fischotter bis hin zum Wildschwein) sowie von Wald- und Wasservögeln (vom Grünspecht über Kranich bis hin zum Seeadler) zu sehen. In der Großvitrine „Darßwald bei Nacht“ kann man viele Tiere in einer lebensnahen Installation bewundern.

LANDSCHAFTEN UND NATURSCHUTZ

Die Küsten rund um die Ostsee sind das Thema dieser Ausstellung. Vitrinen mit aus Originalmaterial gestalteten Geröllstränden vor besonders markanten Steilküsten wie Kreide- oder Kalksteinkliffs – einschließlich typischer Fossilien und Gesteine – bilden den Höhepunkt dieser Ausstellung. Über 40 großformatige Landschaftsfotos, gut erläutert, zeigen die interessantesten Abschnitte in Nationalparks und Naturschutzgebieten an den über 7.000 Kilometer langen Küsten der Ostsee. Dabei werden besonders geologische Gegebenheiten erklärt – die Ursachen für das vielfältige Landschaftsbild der Küste.

KREIDE-KÜSTEN
FEUERSTEIN ALS STRANDGERÖLLE
Auf Rügen und Møn bildet 70 Millionen Jahre alte Schreibkreide die höchsten Steilufer an der Ostsee. Schreibkreide ist ein weicher Kalk, die Ablagerung eines flachen, warmen Meeres. Sie besteht zum überwiegenden Teil aus mikroskopisch kleinen Kalkschalen, enthält aber auch größere Fossilien wie die hier ausgestellten.
Schwarzer Feuerstein (Siliziumdioxid) mit weißer Rinde ist die charakteristische Einlagerung in der Schreibkreide. Er lagert darin als Knollen, die in Bändern angeordnet sind. Wird Schreibkreide abgetragen, spült das Meer alle feinen Bestandteile weg. Zurück bleibt ein Feuerstein-Geröllstrand. Dazwischen liegen auch die aus der Kreide ausgespülten Fossilien.
Foto:
Kreidesteilküste und Feuerstein-Geröllstrand im Nationalpark Jasmund
↓ Feuerstein-Geröllstrand auf Rügen mit vielen abgerollten Fossilien

SEESTEIN UND ERDSTEIN

Die kleine Ausstellung mit dieser Vitrine zeigt sowohl Bernsteinfunde von den Darßer Stränden („Seestein") als auch bei Erdarbeiten gefundenen „Erdstein". Dazu vermitteln eine Thementafel die Entstehung und das geologische Schicksal des Bernsteins; eine andere seine Eigenschaften und sein sicheres Erkennen.

DORSCHE, FLUNDERN, SEEHASEN...

Im Ostsee-Aquarium, derzeit das einzige Meeresaquarium innerhalb des Nationalparks Vorpommersche Boddenlandschaft, kann man zeitweise mehr als 30 verschiedene Arten von Fischen und Wirbellosen lebend bewundern – ausschließlich Tiere die im sauberen Flachwasser der Ostsee unmittelbar vor Darßer Ort tatsächlich zu Hause sind.

In den drei großen Aquarienbecken mit insgesamt 20.000 Liter Ostseewasser leben u. a. Dorsche, Flundern, Seehasen, Sandaale, Ostseegarnelen und Strandkrabben unter naturnahen Bedingungen.

Manche der Tiere sind auf den ersten Blick gar nicht zu erkennen. Wer aber genauer hinschaut, entdeckt bald die kleinen Plattfische, die sich im Sand am Grunde der Aquarien eingegraben haben – oder die Klippenbarsche, die sich gern hinter dem Wurzelwerk oder den Steinen der Dekoration verstecken.

Foto: Dorsche, Knurrhahn und Seeskorpion im Ostsee-Aquarium des NATUREUMs.

FANTASTISCHE AUSSICHT

Der Leuchtturm Darßer Ort ist weit und breit der einzige hohe Aussichtspunkt. Der Blick von der 28 Meter hoch gelegenen Aussichtsgalerie reicht weit über Meer und Land – zuerst auf den nahen Weststrand, das Dünenareal, die Strandseen und den Sandhaken an der Nordspitze des Darßer Ortes. Man erhält einen Eindruck von der Weitläufigkeit das Darßwaldes, über dem die Seeadler kreisen.

Bei sehr klarer Sicht sind am Horizont interessante Landmarken erkennbar: im Norden das Kreidekliff Mönsklint der dänischen Insel Mön und die Anlagen des Offshore-Windparks Baltic 1; im Nordosten der Dornbusch auf Hiddensee; im Südosten der hohe Turm der Marienkirche in Barth; im Südwesten der Kühlturm des Kraftwerkes Rostock und das Hochhaus des Hotels „Neptun" in Warnemünde; etwas westlich davon die Erhebung der Kühlung sowie ganz im Westen als schmaler Landstreifen die dänischen Insel Falster. Und natürlich die vielen Schiffe weit draußen auf der Ostsee.

Foto: Blick vom Leuchtturm nach Nordosten.

BLICK VOM LEUCHTTURM

ZUHAUSE AM MEER

Rolf Reinicke (geb. 1943) gilt als erfahrener Geologe und exzellenter Landschaftsfotograf. Für alle seine zahlreichen Bücher – so auch für dieses – lieferte er sowohl die Fotos und als auch die Texte. Seine Ehefrau **Inge Reinicke** hatte dabei das Lektorat. Sohn **Matthias Reinicke**, Grafik-Designer, lebt und arbeitet in Victoria/BC (Kanada). Er steuerte die Grafiken bei und gestaltete die Bücher.

Rolf Reinicke zählt zu den besten Kennern von Natur und Landschaft an der Ostsee. Zusammen mit seiner Frau ist er vier Jahrzehnte lang oft und weit an der Küste gewandert – auch auf dem Darß. Von diesen Wanderungen, von diversen Fotoflügen und aus seiner Zeit als Leiter des Natureums Darßer Ort stammen die Fotos in diesem Buch.

Bücher von Rolf Reinicke
im Demmler Verlag

Steine am Ostseestrand
7. Auflage 2021
ISBN 978-3-910150-75-1

Funde am Ostseestrand
3. Auflage 2021
ISBN 978-3-910150-76-8

Fossilien am Ostseestrand
2. Auflage 2022
ISBN 978-3-910150-76-8

Feuersteine Hühnergötter
4. Auflage 2019
ISBN 978-3-910150-78-2

Kliff & Strand
1. Auflage 2011
ISBN 978-3-910150-89-8

Rügen – Strand und Steine
7. Auflage 2021
ISBN 978-3-944102-00-9

Strandschätze
2. Auflage 2019
ISBN 978-3-944102-26-9

Sand & Dünen am Ostseestrand
1. Auflage 2019
ISBN 978-3-944102-30-6

Bild- Textband Geologie & Landschaft M-V
1. Auflage 2021
ISBN 978-3-944102-41-2

Bildband Mare Balticum
1. Auflage 2018
ISBN 978-3-944102-25-2

Bildband Usedom
1. Auflage 2011
ISBN 978-3-910150-91-1